BEI GRIN MACHT SICH IHR WISSEN BEZAHLT

- Wir veröffentlichen Ihre Hausarbeit,
  Bachelor- und Masterarbeit

- Ihr eigenes eBook und Buch -
  weltweit in allen wichtigen Shops

- Verdienen Sie an jedem Verkauf

Jetzt bei www.GRIN.com hochladen
und kostenlos publizieren

Bibliografische Information der Deutschen Nationalbibliothek:

Die Deutsche Bibliothek verzeichnet diese Publikation in der Deutschen National-
bibliografie; detaillierte bibliografische Daten sind im Internet über http://dnb.d-
nb.de/ abrufbar.

Impressum:

Copyright © 2017 GRIN Verlag, Open Publishing GmbH
Druck und Bindung: Books on Demand GmbH, Norderstedt Germany
ISBN: 9783668387324

Dieses Buch bei GRIN:

http://www.grin.com/de/e-book/352244/bremsvorgang-ohne-antiblockiersystem

Emanuel Ibing

Bremsvorgang ohne Antiblockiersystem

Simulation mit MATLAB Simulink®

GRIN Verlag

Emanuel Ibing

Bremsvorgang ohne Antiblockiersystem – Simulation mit MATLAB Simulink®

Inhaltsverzeichnis

Abbildungsverzeichnis II

Tabellenverzeichnis III

Anhangsverzeichnis IV

1. Einleitung 1

2. Theoretische Grundlagen 1

    2.1. Modellbildung 1

    2.2. Simulation von Modellen 2

    2.3. Antiblockiersystem 2

3. Simulation mit MATLAB Simulink® 3

    3.1. Vorbereitung 3

        3.1.1. Ermittlung der Bewegungsgleichung der Räder 3

        3.1.2. Ermittlung des Kräftegleichgewichts des Fahrzeugs 4

        3.1.3. Ermittlung des Blockschaltbildes 5

    3.2. Durchführung 5

        3.2.1. Vergleich 1: VW Golf VII inner- und außerorts 6

        3.2.2. Vergleich 2: Autobahnfahrt VW Golf VII normal und voll beladen 8

    3.3. Schlussfolgerung 9

4. Fazit 11

Literaturverzeichnis 12

Abbildungsverzeichnis

Abbildung 1: Freigeschnittenes Rad 3

Abbildung 2: Freigeschnittenes Fahrzeug.. 4

Abbildung 3: Blockschaltbild – Bremsvorgang ohne Antiblockiersystem 5

Abbildung 4: Vollbremsung im Fall (a) oben und Fall (b) unten.................................. 6

Abbildung 5: Bremsweg Im Fall (a) links und im Fall (b) rechts................................. 7

Abbildung 6: Vollbremsung Im Fall (c) oben und Fall (d) unten 8

Abbildung 7: Bremsvorgang Im Fall (c) links und Fall (d) rechts................................ 9

Tabellenverzeichnis

Tabelle 1: Übersicht der Simulationsergebnisse 9

Anhangsverzeichnis

Anhang 1: MATLAB Simulink® Scripts 13

1. Einleitung

„Ziel jeder Simulation ist es, das zu betrachtende System durch ein Modell so gut zu beschreiben, dass die gewünschten Rückschlüsse vom Verhalten des Modells auf das Verhalten des realen Systems möglich werden."[1] Die Grundlage für die Simulationen bildet ein materielles oder immaterielles Abbild der Realität, also ein Modell, welches jene Aspekte des realen Systems berücksichtigt, welche für den angestrebten Erkenntnisgewinn erforderlich sind.[2] Der Verein Deutscher Ingenieure (VDI) definiert den Begriff Simulation daher wie folgt: *„Simulation ist das Nachbilden eines Systems mit seinen dynamischen Prozessen in einem experimentierfähigen Modell, um zu Erkenntnissen zu gelangen, die auf die Wirklichkeit übertragbar sind."*[3]

Diese Ausarbeitung hat das Ziel die Vorgehensweise einer Simulation aufzuzeigen. Dies erfolgt anhand des Bremsverhaltens eines Personenkraftwagens ohne Antiblockiersystem. Dazu werden zunächst im zweiten Kapitel die theoretischen Grundbegriffe erläutert. Hier klären wir zunächst was unter Modellbildung, Simulation von Modellen und dem Antiblockiersystem zu verstehen ist. Anschließend wird im dritten Kapitel – in Anlehnung an Helmut SCHERF – ein mathematisches Modell in Form eines Blockschaltbildes entwickelt und dargestellt. Nachdem das Modell entwickelt wurde, wird die Simulation mit variiertem Fahrzeuggewicht und variierter Anfangsgeschwindigkeit durchgeführt. Die Erstellung des Blockschaltbildes sowie die Durchführung der Simulation erfolgt mit der Software MATLAB Simulink®. Danach werden die Schlussfolgerungen der Simulation diskutiert und Rückschlüsse gezogen. Abschließend wird im letzten Kapitel ein Fazit gezogen.

2. Theoretische Grundlagen
2.1. Modellbildung

Wie bereits in der Einleitung erwähnt beruht jede Simulation auf einem materiellen oder immateriellen Modell. Unter einem Modell versteht man dabei eine abstrakte Darstellung der Realität. Mithilfe eines Modells sollen dabei Zusammenhänge verdeutlicht werden, um sie diskutierbar zu gestalten. Entscheidend ist hierbei zu verstehen, dass ein Modell nicht zielführender ist,

---

[1] SCHRAMM et al. (2013), S. 6.
[2] Vgl. MÖLLER (1992), S. 119.
[3] VDI (2000).

je präziser es die Realität abbildet: *„Modelle sind gerade deswegen so nützlich, weil sie verein-fachen und die Realität auf wenige Annahmen reduzieren – ein Modell, das die Realität exakt nachbildet, wäre so nützlich und möglich wie eine Landkarte im Maßstab 1:1."*[4] Es gilt also bei Modellen: *„Das [...] beste und zugleich einfachste Modell ist gerade noch komplex genug, um seinen Zweck zu erfüllen."*[5]

2.2. Simulation von Modellen

Die Definition des VDI für Simulationen wurde bereits in der Einleitung erwähnt. Diese hat allerdings zum Ziel die Simulation von Logistik-, Materialfluss- und Produktionssystemen zu beschreiben. Sie ist daher hervorragend für dynamische Simulationen geeignet, allerdings bleiben statische Simulationen unberücksichtigt. Nachfolgend wird eine allgemeinere Definition präsentiert: *„Simulation ist das zielgerichtete Experimentieren an einem Modell, um Erkenntnisse zu gewinnen, die zur Lösung eines realen Problems geeignet sind."*[6] Durch Simulation können also Szenarien getestet werden, ohne einen direkten Einfluss auf die Umwelt zu nehmen.

2.3. Antiblockiersystem

In dieser Ausarbeitung wird in den Simulationen zwar auf ein Antiblockiersystem verzichtet, jedoch sollte dieser Begriff dennoch geklärt werden, allein um Klarheit darüber zu gewinnen, was genau wir nicht berücksichtigen. Das Antiblockiersystem definiert sich aus einer Gruppe hydraulisch und elektrisch vernetzter Komponenten, welche während der Phase der Bremsbetätigung (ohne Einfluss des Fahrers) Funktionsabläufe derart steuern, dass ein Blockieren der Räder, bei maximaler Ausnutzung vorhandener Reibungswerte zwischen Reifen und Straße, verhindert wird. Dieser Regelvorgang trägt sowohl zu optimaler Bremsstreckenreduzierung als auch zur Vermeidung von Reifenschäden bei.[7] Das Antiblockiersystem unterstützt den Fahrer, in kritischen Situationen einen Unfall zu vermeiden.[8]

---

[4] BECK (2014), S. 1.

[5] GÜNTHER/ VELTEN (2014), S. 5.

[6] Vgl. FLEMMING/ SCHACH (2011), S. 8.

[7] Vgl. ROLOFF/ OHLY (2012), S. 318.

[8] Vgl. KOCH-DÜCKER (2010), S. 106.

3. Simulation

3.1. Vorbereitung[9]

Bei unserer Simulation muss nun zunächst – wie im zweiten Kapitel beschrieben – ein Modell entwickelt werden. Unsere Simulation soll den Bremsvorgang einer Vollbremsung eines Personenkraftwagens ohne Antiblockiersystems abbilden. Die beobachteten Parameter stellen die **Fahrzeuggeschwindigkeit** (v_F) und die **Radgeschwindigkeit** (v_R) dar, welche über den **Zeitraum** (T) des Bremsvorgangs ermittelt werden soll. In unserem Versuch werden das **Fahrzeuggewicht** (m) und die **Anfangsgeschwindigkeit** (v_0) variiert um Kenntnisse über deren Einfluss auf den Bremsvorgang zu gewinnen. Weitere Einflussfaktoren, wie beispielsweise das Wetter oder die Straßenverhältnisse, bleiben unberücksichtigt.

3.1.1. Ermittlung der Bewegungsgleichung der Räder

Zur mathematischen Modellierung muss die Bewegungsgleichung aufgestellt werden, hierzu werden die Räder und das Fahrzeug getrennt voneinander betrachtet. Zur Vereinfachung wird der Bremsvorgang nur für ein Rad betrachtet, hierzu wird es freigeschnitten, wie die folgende Abbildung zeigt:

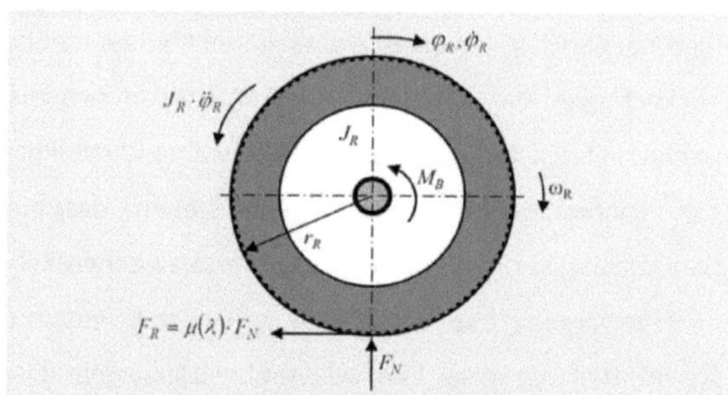

Abbildung 1: Freigeschnittenes Rad[10]

Die Abbildung zeigt, dass folgende Größen des Rads berücksichtigt werden müssen: Winkelgeschwindigkeit (ω_R), Drehwinkel (ω_R), Bremsmoment (M_B), Normalkraft (F_N), Reibungskraft (F_R), Reibungskoeffizient (μ), Reifenradius (r_R), Drehmoment (M_R) und das Massenträgheitsmoment

---

[9] Dieser Abschnitt erfolgt in starker Anlehnung an SCHERF (2010), S. 24ff.
[10] SCHERF (2010), S. 25.

(J_R). Um nun das Momentengleichgewicht zu bestimmen, wird das d'Alembertsche Trägheits-
moment entgegen der positiv gewählten Richtung eingetragen. Das Momentengleichgewicht
um den Radmittelpunkt liefert nun die Bewegungsgleichung des Rades:

$$J_R \cdot \ddot{\varphi}_R = F_R \cdot r_R - M_B \tag{1}$$

Bei der Bewegung eines Rads ist das abrollen sein natürlicher Bewegungsvorgang. Wirken auf
das Rad Brems- oder Beschleunigungskräfte ein, kann die reine Rollbewegung ein Gleiten über-
lagern. Der Anteil der gleitenden an der rollenden Bewegung wird als Schlupf (λ) bezeichnet.[11]
Es gilt: Ein frei rollendes Rad besitzt einen Schlupf von 0% und ein blockiertes Rad einen Schlupf
von 100%.[12] In dieser Ausarbeitung wird der Schlupf nicht simuliert. Soll dies jedoch geschehen,
kommt folgende Formel zum Einsatz:

$$\lambda = \frac{v_F - v_R}{v_F} \tag{2}$$

3.1.2. Ermittlung des Kräftegleichgewichts des Fahrzeugs

Nachdem wir die Bewegungsgleichung für das Rad aufgestellt haben, wird nun das Kräftegleichgewicht des Fahrzeugs ermittelt. Die nachfolgende Abbildung stellt das freigeschnittene
Fahrzeug dar:

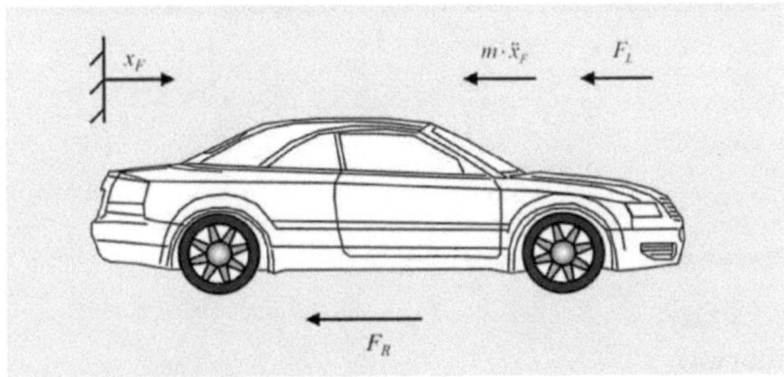

Abbildung 2: Freigeschnittenes Fahrzeug[13]

---

[11] Vgl. FINK/ EUTENEUER (1962), S. 17.
[12] Vgl. LEHR/ GÖHLICH (2014), S. I 22.
[13] SCHERF (2010), S. 26.

Die Abbildung zeigt, dass bei dem Fahrzeug folgende Größen berücksichtigt werden müssen: Reibungskraft der Räder *(F_R)*, Gewicht des Fahrzeugs *(m)*, Fahrzeugweg *(x_F)* und der Luftwiderstand *(F_L)*. Dieser ist wie folgt definiert:

$$F_L = c_w \cdot A \cdot \frac{\rho}{2} \cdot v_F{}^2 \tag{3}$$

Hierbei wird der Strömungswiderstandskoeffizient *(c_w)*, die Stirnfläche des Wagens *(A)*, die Luftdichte *(ρ)* und die Fahrzeuggeschwindigkeit *(v_F)* berücksichtigt. Dies dient als Grundlage für das Kräftegleichgewicht:

$$\mathrm{m} \cdot x_F = -F_R - F_L \tag{4}$$

3.1.3. Ermittlung des Blockschaltbildes

Die folgende Abbildung zeigt das Blockschaltbild, welches anhand der zuvor ermittelten mathematischen Gleichung bei MATLAB Simulink® erstellt wurde:

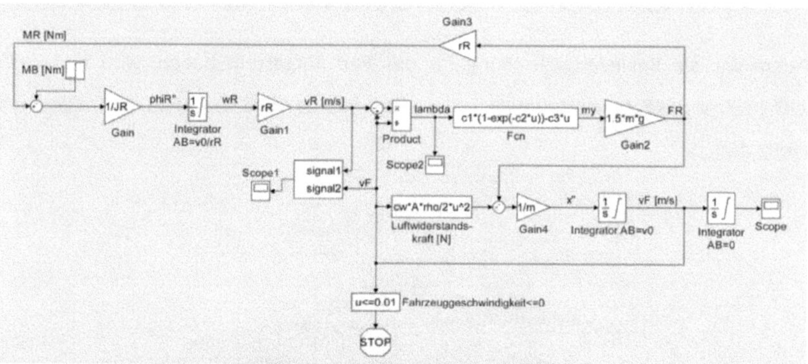

Abbildung 3: Blockschaltbild – Bremsvorgang ohne Antiblockiersystem[14]

3.2. Durchführung

Die Simulation soll anhand des Volkswagens Golf durchgeführt werden, da dieser der am häufigsten vorkommende Wagen in Deutschland ist.[15] In unserem Versuch übernehmen wir die Daten von dem Volkswagen Golf VII Blue Motion 1.6 TDI. Hierzu muss gesagt werden, dass dieser

---

[14] Eigene Darstellung in Anlehnung an SCHERF (2010), S. 27.
[15] Vgl. MENKHOFF/ SELL (2002), S. 282.

Wagen natürlich mit einem Antiblockiersystem ausgestattet ist, dieses allerdings aufgrund der Aufgabenstellung vernachlässigt wird. Der Wagen besitzt ein vom Hersteller festgeschriebenes Leergewicht von *1.314 [kg].*[16] Zuzüglich des Gewichts des Fahrers – wir gehen hier von dem Durchschnittsgewicht eines deutschen Mannes (*89 [kg]*[17]) aus – beträgt das Fahrzeuggewicht *1.403 [kg].* Die Stirnfläche des Wagens beträgt *2,19 [m²].*[18] Die weiteren Parameterwerte können den im Anhang beigefügten MATLAB Scripts entnommen werden.

3.2.1. Vergleich 1 – VW Golf VII inner- und außerorts

Innerhalb geschlossener Ortschaften darf in Deutschland die Geschwindigkeit von *50 [km/h]* nicht überschritten werden.[19] Für Personenkraftwagen bis 3,5 Tonnen Gewicht gilt außerhalb geschlossener Ortschaften eine Höchstgeschwindigkeit von *100 [km/h].*[20] Nachfolgend wird nun der simulierte Bremsvorgang unter den zuvor definierten Bedingungen (a) innerhalb und (b) außerhalb geschlossener Ortschaften aufgezeigt:

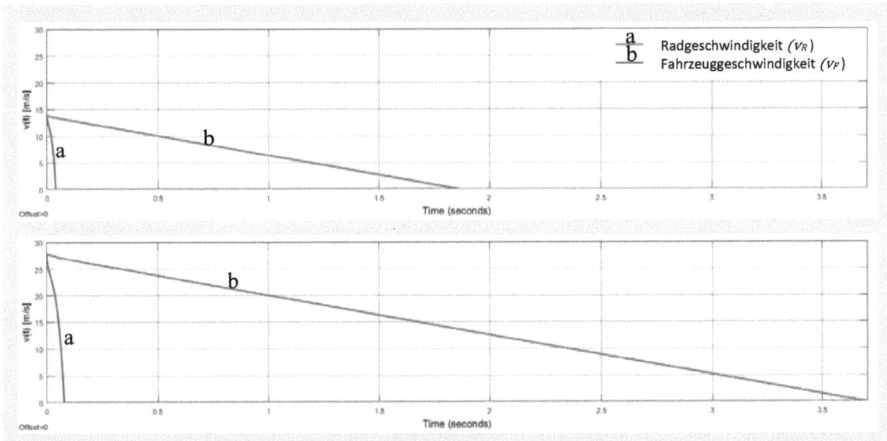

Abbildung 4: Vollbremsung im Fall (a) oben und Fall (b) unten[21]

[16] Vgl. LOHBECK (2012), S. 9.
[17] Vgl. DURCHSCHNITTE.DE (2017).
[18] Vgl. WITTICH/ BAUMANN (2017).
[19] Vgl. § 3, Abschnitt 3, 1 StVO.
[20] Vgl. § 3, Abschnitt 3, 2c StVO.
[21] Eigene Darstellung.

Der Verlauf der beiden Kurven ist auf den ersten Blick ähnlich. Bei der Vollbremsung innerorts setzt nach etwa *0,04 [s]* das Blockieren der Räder ein, die Radgeschwindigkeit beträgt dann also *0 [m/s]*. Im Fall (b) geschieht dies nach etwa *0,08 [s]*. Es ist zu erkennen, dass in beiden Fällen die Fahrzeuggeschwindigkeit *(v$_F$)* langsamer abnimmt, sobald die Räder blockieren. In der unteren Grafik ist dies aufgrund der Skalierung deutlicher zu erkennen. Die Dauer des Bremsvorgangs beträgt im Fall (b) *3,706 [s]* und ist somit ungefähr doppelt so hoch wie im Fall (a) *1,866 [s]*. Dies bedeutet, dass zu dem Zeitpunkt, an dem der Wagen im Fall (a) bereits stehen würde, der Wagen im Fall (b) immer noch eine Geschwindigkeit von ca. *13,5 [m/s]*, also *48,6 [km/h]*, aufweisen würde. Die Folgen für einen angegurteten Fahrer, welcher bei dieser Geschwindigkeit auf eine Mauer aufprallen würde, wären: Gehirnerschütterung, Rissquetschwunden an der Stirn- und Scheitelregion, Gesichtsweichteil- und kleinere Gesichtsschädelverletzungen, Hals- und Brustwirbelsäulenverletzungen, Muskel-, Bänder und Bandscheibenzerrungen sowie Zerreissungen und Frakturen von Wirbelkörpern.[22] Um nun den Bremsweg zu verdeutlichen, wird dieser in der folgenden Darstellung genauer betrachtet werden:

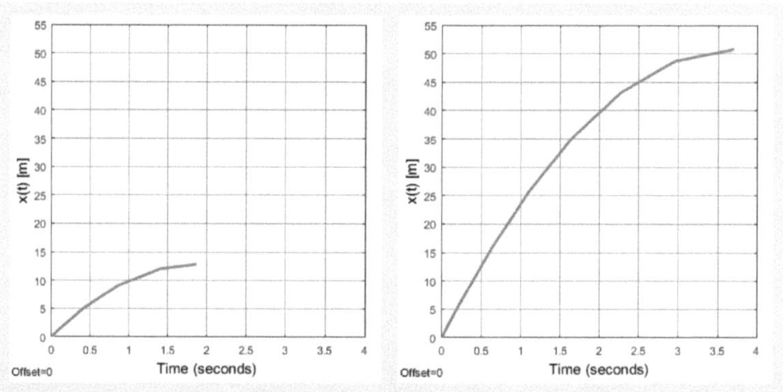

Abbildung 5: Bremsweg Im Fall (a) links und im Fall (b) rechts[23]

In der Abbildung ist zu erkennen, dass der Bremsvorgang im Fall (a) nach *12,83 [m]* beendet ist. Im Fall (b) hingegen ist dieser mit *50,79 [m]* fast viermal so lang.

---

[22] Vgl. SCHMIDT (1991), S. 2f.
[23] Eigene Darstellung.

3.2.2.   Vergleich 2 – Autobahnfahrt VW Golf VII normal und voll beladen

Nachdem wir bereits Fahrten inner- und außerorts simuliert haben, wollen wir nun Autobahn-
fahrten simulieren. Wir orientieren uns hierbei an der staatlich empfohlenen Richtgeschwindigkeit von *130 [km/h]*.[24] Wir variieren bei der Simulation das Gewicht und gehen zum einen wie in
der letzten Simulation von einem Volkswagen Golf VII mit (c) einem männlichen Fahrer *1.403
[kg]* und zum anderen von einem Fahrzeug mit (d) dem zulässigen Höchstgewicht *1.810 [kg]*[25]
aus. Die übrigen Versuchsparameter können wieder dem Anhang entnommen werden.

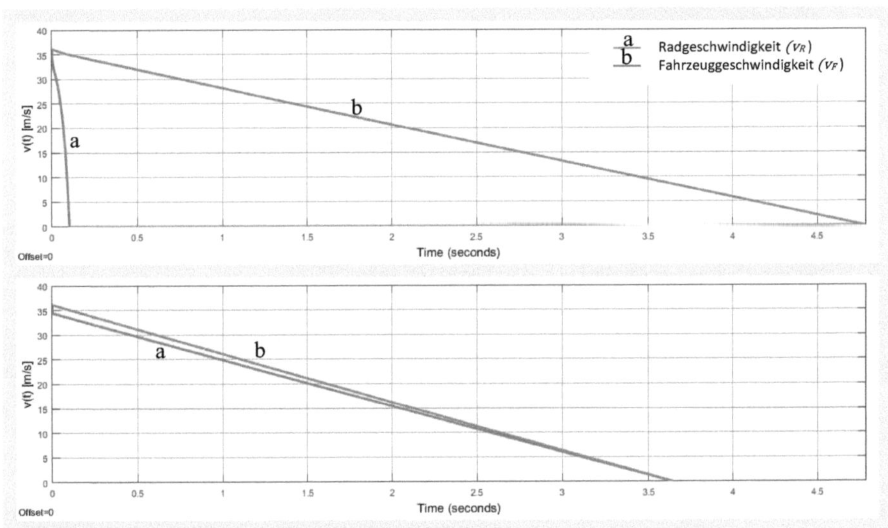

Abbildung 6: Vollbremsung Im Fall (c) oben und Fall (d) unten[26]

Betrachtet man nun den Fall (c), so erkennt man eine starke Ähnlichkeit mit Simulationen (a)
und (b). Der Wagen kommt hier bei *4,787 [s]* zum Stillstand. Der Verlauf bei voll beladenem
Wagen gestaltet sich vollkommen anders als die bisherigen Simulationen. Der Bremsvorgang
endet hier nach *3,644 [s]*. In der Simulation (d) blockieren die Räder scheinbar nicht, wodurch
das Fahrzeug schneller zum Stehen kommt. Zu dem Zeitpunkt an dem im Fall (d) der Wagen bereits steht besitzt der Wagen im Fall (c) noch eine Geschwindigkeit von ca. *8 [m/s]*. Dies ent-

---

[24] Vgl. §1, Absatz 1, Autobahn-Richtgeschwindigkeits-V.
[25] Vgl. WITTICH/ BAUMANN (2017).
[26] Eigene Darstellung.

spricht einem Wert von *28,8 [km/h]*. Auch wenn diese Differenz geringer ist, als bei unserem letzten Versuch muss hierbei jedoch berücksichtigt werden, dass hier von einer identischen Anfangsgeschwindigkeit ausgegangen wird, während im letzten Versuch eine Differenz von *50 [km/h]* vorherrschte. Wir wollen nun auch hier die Bremswege der beiden Simulationen vergleichen:

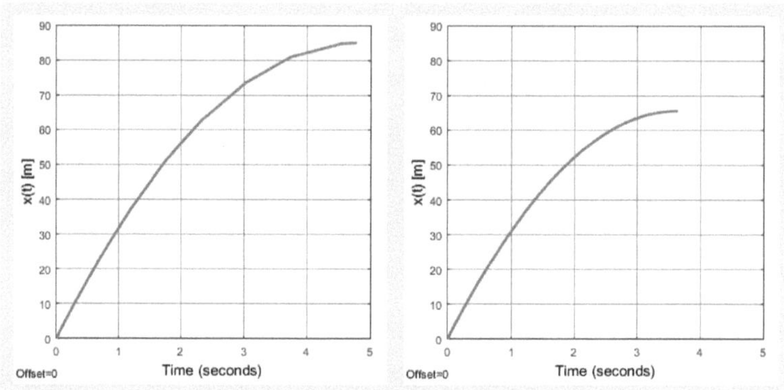

Abbildung 7: Bremsvorgang Im Fall (c) links und Fall (d) rechts[27]

Wie nach den zuvor ermittelten Ergebnissen zu erwarten ist der Bremsweg im Fall (c) mit *85 [m]* länger als der im Fall (d) mit *65,51 [m]*.

3.3.   Schlussfolgerung

Einige Ergebnisse wurden im vorherigen Abschnitt bereits kommentiert. Dieses Kapitel soll nun dazu dienen, die zuvor ermittelten Erkenntnisse strukturiert zusammenzufassen und darzustellen. Dazu werden die ermittelten Erkenntnisse zunächst in der folgenden Tabelle dargestellt:

Tabelle 1:Übersicht der Simulationsergebnisse

Simulation	(a)	(b)	(c)	(d)
Fahrzeuggewicht [kg]	1.403	1.403	1.403	1.810
Geschwindigkeit [km/h]	50	100	130	130
Zeit bis zum Radstillstand [s]	0,039	0,078	0,101	3,644
Zeit bis zum Fahrzeugstillstand [s]	1,866	3,706	4,787	3,644
Bremsweg [m]	12,83	50,79	85	65,51

---

[27] Eigene Darstellung.

Vergleich 1: In diesem Vergleich wurde der Bremsvorgang für ein identisches Fahrzeug mit variierter Anfangsgeschwindigkeit simuliert. Dabei wurde ersichtlich, dass bei einer Verdopplung der Geschwindigkeit auch die Zeit bis zum Radstillstand verdoppelt wird. Die Räder blockierten in beiden Simulationen sehr schnell – bei (a) *0,039 [s]* und bei (b) *0,078 [s]*. Dabei wurde ersichtlich, dass sobald die Räder blockierten, die Fahrzeuggeschwindigkeit langsamer abnahm und sich somit die Zeit bis zum Stillstand verlängerte. Zudem hat sich die Zeit bis zum Fahrzeugstillstand bei (b) fast verdoppelt. Eine sehr hohe Differenz konnte man beim Bremsweg beobachten, welcher nach der Verdoppelung der Geschwindigkeit fast viermal so lang war wie zuvor.

Vergleich 2: In diesem Vergleich wurde der Bremsvorgang mit variierter Ladung und identischer Geschwindigkeit simuliert. Dabei wurde festgestellt, dass sich bei dem erhöhten Fahrzeuggewicht der Verlauf der Radgeschwindigkeit stark verändert hat. Während bei (c) ein identischer Verlauf wie in den Simulationen (a) und (b) zu sehen war, hat sich bei (d) die Radgeschwindigkeit nach anfänglicher Abweichung der Fahrzeuggeschwindigkeit bis zum Stillstand angenähert. Dies führte dazu, dass die Zeit bis zum Fahrzeugstillstand bei (d) deutlich kürzer war als bei (c). Dadurch verkürzte sich auch der Bremsweg von (d) im Vergleich zu (c).

Anhand der Tabelle und der aufgezeigten Ergebnisse können nun folgende Aussagen abgeleitet werden:

- Die Fahrzeuggeschwindigkeit besitzt keinen relevanten Einfluss auf das Blockieren der Räder.
- Sind alle Parameter identisch, so erhöht sich der Bremsweg erheblich, wenn die Geschwindigkeit erhöht wird.
- Die Zeit bis zum Stillstand des Fahrzeuges und somit auch der Bremsweg steigen, wenn die Räder blockieren.
- Wird eine bestimmte Fahrzeugmasse überschritten sind die Räder nicht mehr dauerhaft blockiert.
- Bei steigender Anfangsgeschwindigkeit erhöht sich die Zeit bis zum Fahrzeugstillstand und somit auch der Bremsweg, wenn das Blockierverhalten des Fahrzeugs konstant bleibt.

4.   Fazit

Simulationen dienen dazu Szenarien zu testen ohne einen direkten Einfluss auf die Umwelt zu nehmen. Die Grundlage jeder Simulation bildet dabei ein materielles oder immaterielles Modell. Modelle stellen dabei vereinfachte Abbildung der Realität dar, welche nur so komplex sein sollten, dass sie ihren Zweck erfüllen. In unserem Fall war ein mathematisches Modell erforderlich, hierzu haben wir zunächst die Bewegungsgleichung der Räder und die Kräftegleichung des Fahrzeugs aufstellen müssen um unser Modell – das Blockschaltbild – zu erstellen. Dies bildete die Grundlage für die durchgeführten Simulationen.

In der Simulation wurde der Bremsvorgang eines Personenkraftwagens ohne Antiblockiersystem durchgeführt. Eine kurze Definition des Antiblockiersystems wurde im zweiten Kapitel gegeben. Zudem wurden möglichst realitätsnahe Beispiele gewählt. Daher wurde für die Fahrzeugsimulation ein Volkswagen Golf gewählt, da dieser das am häufigsten genutzte Auto Deutschlands darstellt. Bei der Variation der Geschwindigkeit haben wir auf realitätsnahe Beispiele zurückgegriffen, wie sie in staatlichen Regelungen zu finden sind. In den Versuchen zeigte sich, dass ein Blockieren der Räder zu einer geringeren Abnahme der Geschwindigkeit beim Bremsvorgang führt. Dies erhöht zudem die Bremszeit sowie den Bremsweg. Die Fahrzeuggeschwindigkeit besitzt dabei keinen relevanten Einfluss auf das Blockierverhalten der Räder. Das Blockierverhalten ändert sich erst, wenn eine bestimmte Gewichtsgrenze überschritten wird. Des Weiteren wurde beobachtet, dass bei zunehmender Anfangsgeschwindigkeit der Bremsweg signifikant steigt und sich hierdurch auch die Bremszeit erhöht.

Wie in Abschnitt 2.3. beschrieben, stellt das Antiblockiersystem ein Hilfsmittel dar um in kritischen Situationen einen Unfall zu vermeiden. Dies wurde in den Simulationen bestätigt, da gezeigt wurde, dass sich der Bremsweg und die Bremszeit deutlich verkürzt wenn die Räder nicht blockieren.

Literaturverzeichnis

BECK, H. (2014): Behavioral Economics: Eine Einführung, Wiesbaden.

DURCHNITTE.DE (2017): Durchschnittliches Gewicht Mann (http://durchschnittliche.de/ko erper-mittelwerte/37-durchschnittliches-gewi cht-mann, abgerufen am 04.01.207).

FINK, M.; EUTENEUER, H. (1962): Ein Beitrag zur Klärung der abnutzung bei rollender Reibung mit Schlupf an Elektrokupfer, Köln/ Opladen.

FLEMMING, C.; SCHACH, R. (2011): Zum Begriff der Simulation. In: VOLKHARD, F. (Hrsg.): 2. IBW-Workshop, 24. März 2011 an der Universität Kassel : Simulation von Unikatprozessen – Neue Anwendungen aus Forschung und Praxis, Kassel, S. 1–10.

GÜNTHER, M.; VELTEN, K. (2015): Mathematische Modellbildung und Simulation: Eine Einführung für Wissenschaftler, Ingenieure und Ökonomen, Welnhelm.

KOCH-DÜCKER, H.-J. (2010): Antiblockiersystem ABS. In: REIF, K. (Hrsg.): Fahrstabilisierungssysteme und Fahrerassistenzsysteme, Wiesbaden, S. 34–49.

LEHR, H.; GÖLICH, D. (2014): Aufbau mechatronischer Systeme. In: GROTE, K.-H.; FELDHUSEN, J.: Dubbel: Taschenbuch für den Maschinenbau, 24. Auflage, Berlin/ Heidelberg, Kapitel I3.

LOHBECK, W. (2012): Vier Schritte zum Drei-Liter-Golf: Erwartungen an den neuen Golf VII (http ://www.greenpeace.de/files/Golf-Report_ger _0.pdf, abgerufen 04.01.2017)

MENKHOFF, L.; SELL F.L. (2002): Zur Theorie, Empirie und Politik der Einkommensverteilung: Festschrift für Gerold Blümle, Berlin/ Heidelberg.

MÖLLER, D. (1992): Modellbildung, Simulation und Identifikation dynamischer Systeme, Berlin/ Heidelberg.

ROLOFF, G.; OHLY, B. (2012): Flugzeugbremsen. In: BREUER, B.; BILL, K.H. (Hrsg.): Bremsenhandbuch: Grundlagen, Komponenten, Systeme, Fahrdynamik, 4. Auflage, Wiesbaden, S. 313–331.

SCHERF, H. (2010): Modellbildung und Simulation dynamischer Systeme: Eine Sammlung von Simulink-Beispielen, 4. Auflage, München.

SCHMIDT, G. (1991): Biomechanik der Verkehrsunfallverletzungen. In: PETER, K.; SCHEDL, R.; BALOGH, D. (Hrsg.): Der Schwerstverletzte: Ein notfallmedizinisches, anaesthesiologisches und intensivmedizinisches Problem, Berlin/ Heidelberg.

SCHRAMM, D.; HILLER, M.; BARDINI, R. (2013): Modellbildung und Simulation der Dynamik von Kraftfahrzeugen, 2. Auflage, Berlin/ Heidelberg.

VDI (2000): VDI Richtlinie 3633, Blatt 1: Simulation von Logistik-, Materialfluß- und Produktionssystemen – Grundlagen, Berlin.

WITTICH, H.; BAUMANN, U. (2017): VW Golf VII: Die technischen Daten des neuen Golf (http://www.auto-motor-und-sport de/news/ vw-golf-vii-die-technischen-daten-des-neuen-golf-5642207.html, abgerufen am 04.01.2017).

Anhang I – MATLAB Simulink® Scripts

Script (a): VW Golf VII mit männlichem Fahrer innerorts

```matlab
v0=50/3.6; %Anfangsgeschwindigkeit [m/s]
JR=0.8;%Massenträgheitsmoment Rad [kg/m^2]
rR=0.3; %Reifenradius [m]
cw=0.3; %Luftwiderstandsbeiwert[1]
A=2.19; %Stirnfläche [m^2]
rho=1.2; %Luftdichte [kg/m^3]
m=1403; %Fahrzeugmasse [kg]
g=9.81; %Erdbeschleunigung [m/s^2]
c1=0.86; %Reibbeiwertberechnung [1]
c2=33.82; %Reibbeiwertberechnung [1]
c3=0.36; %Reibbeiwertberechnung [1]
```

Script (b): VW Golf VII mit männlichem Fahrer außerorts

```matlab
v0=100/3.6; %Anfangsgeschwindigkeit [m/s]
JR=0.8;%Massenträgheitsmoment Rad [kg/m^2]
rR=0.3; %Reifenradius [m]
cw=0.3; %Luftwiderstandsbeiwert[1]
A=2.19; %Stirnfläche [m^2]
rho=1.2; %Luftdichte [kg/m^3]
m=1403; %Fahrzeugmasse [kg]
g=9.81; %Erdbeschleunigung [m/s^2]
c1=0.86; %Reibbeiwertberechnung [1]
c2=33.82; %Reibbeiwertberechnung [1]
c3=0.36; %Reibbeiwertberechnung [1]
```

Script (c): VW Golf VII mit männlichem Fahrer bei Richtgeschwindigkeit

```matlab
v0=130/3.6; %Anfangsgeschwindigkeit [m/s]
JR=0.8;%Massenträgheitsmoment Rad [kg/m^2]
rR=0.3; %Reifenradius [m]
cw=0.3; %Luftwiderstandsbeiwert[1]
A=2.19; %Stirnfläche [m^2]
rho=1.2; %Luftdichte [kg/m^3]
m=1403; %Fahrzeugmasse [kg]
g=9.81; %Erdbeschleunigung [m/s^2]
c1=0.86; %Reibbeiwertberechnung [1]
c2=33.82; %Reibbeiwertberechnung [1]
c3=0.36; %Reibbeiwertberechnung [1]
```

Script (d): VW Golf VII vollbeladen bei Richtgeschwindigkeit

```
v0=130/3.6; %Anfangsgeschwindigkeit [m/s]
JR=0.8;%Massenträgheitsmoment Rad [kg/m^2]
rR=0.3; %Reifenradius [m]
cw=0.3; %Luftwiderstandsbeiwert[1]
A=2.19; %Stirnfläche [m^2]
rho=1.2; %Luftdichte [kg/m^3]
m=1810; %Fahrzeugmasse [kg]
g=9.81; %Erdbeschleunigung [m/s^2]
c1=0.86; %Reibbeiwertberechnung [1]
c2=33.82; %Reibbeiwertberechnung [1]
c3=0.36; %Reibbeiwertberechnung [1]
```